出發吧！

科學冒險

**從醫學突破到資訊革命的
現代科學史**

③

說明

● 本書內容是以小學、中學的課本為挑選基準，除了課本之外，也挑選一般孩子必定要知道的重要知識，內容豐富充實，以期扮演第二教材的角色。

● 監修者為韓國現任國中科學教師（韓國科學教師會會長），內容均經其仔細確認。

● 排除單純以詼諧逗趣為主的漫畫元素，著眼於教養與學習，努力傳達正確資訊。

● 將世界的發現、發明歷史分成100個主題，讓人一目了然，並以輕鬆有趣的方式理解。

● 以年分與相關主題來設定內容，協助讀者掌握科學史的整體脈絡，並透過名場面的重現，讓人一眼就可看出改變科學史的世紀科學家。

● 在韓國，本系列包括《100 堂韓國史》、《100 堂世界史》、《100 堂戰爭史》、《100 堂科學史》、《100 堂西洋哲學史》、《100 堂希臘神話》、《100 堂世界探險史》、《100 堂美術史》、《100 堂世界經濟史》等，有助於提升孩子的人文教養與學習。

出發吧！科學冒險

從醫學突破到資訊革命的現代科學史

3

金泰寬、林亨旭・著
文平潤・繪　鄭聖憲・監修

「Headplay」創作小組眼中的
《出發吧！科學冒險》

學生們透過課本學習各式各樣的科學知識，同時課本又細分成物理、化學、地球科學和生物等，讓學生們可以集中學習每一個科目的內容。

不過光是透過課本學習，一旦時間久了，就不會覺得在學校學習的科學與我們的生活息息相關，也有很多人認為科學是非常困難的領域。

現在在韓國國內搭火車，從首爾到釜山只要3個小時，我們還可以搭飛機到其他國家旅行、經由電視看到宇宙發生的現象，而且透過網路就可以掌握全世界的資訊，和世界各地的人分享意見。

直到100年前都無法想像的這一切，究竟是如何開始的呢？還有，改變人們生活的無數科學知識，又是怎麼被發現的呢？我們懷抱著這樣的疑問，希望按照時間順序將課本的科學知識傳達給孩子們，於是企劃了這個系列。

這個系列把分散於課本的科學知識依照時間順序分成100個主題、共3冊。各位在閱讀的時候，可以看到微不足道的發現改變了我們的生活，而被改變的生活又持續為歷史揭開新的一頁。

讀完這個系列之後，便能輕鬆掌握原始時代至今的重要科學流變。藉此，我們也能進一步理解，現今我們所享受到的科學發展帶來的好處，又是怎麼發生的。

金泰寬（撰文者・Headplay代表）

一如往常，我帶著畫給自己孩子看的心情創作作品。希望這能成為一本讓孩子們快樂閱讀、收穫滿滿的有益書籍。但願兩個兒子往後可以健康長大，我也會努力創作有益的漫畫。 │**繪圖 文平潤**

小朋友們覺得科學怎麼樣呢？應該不會因為覺得「科學好難！」而避之唯恐不及吧？科學其實並不難，它是人類懷抱好奇心去探索世界的過程中所產生的學問，而把努力追求富足生活的知識集結起來的學問，就叫做科學。這個系列拋出了這個基礎問題，並用合理的方式解答疑問，只要讀了這本書，小朋友們也一定會覺得「原來科學這麼有趣啊！」 │**撰文 林亨旭**

挑選顏色時，我總會苦思，怎樣看起來才會更漂亮呢？看到一本書付梓問世，真的好有成就感、好開心。那麼，就請大家帶著愉悅的心情閱讀這本書吧！ │**上色 禹周然**

《出發吧！科學冒險》包含了
歷史、數學、化學、物理！

各位小朋友，大家好！

我是替大家的學長姊，也就是替國中、高中的哥哥姊姊上科學課的科學老師。

我常心想「假如科學課本可以畫成有趣的漫畫，大家學習起來應該會更簡單一點……」結果，沒想到竟然出版了這本除了科學之外，連歷史、數學及國高中的理化都能一次學到的書，身為一名老師實在感到無比的開心。

「我們學的數學公式是誰創造的？」

「從前的人認為地球是什麼形狀？」

「牛頓看著掉到地面的蘋果，發現了什麼？」

只要讀了這本書，便會找到無數這類問題的答案。在書中，各位將會讀到與徹底改變世界的偉大發現和發明有關的生動故事。

最近書店有許多以漫畫方式呈現的兒童學習書籍，其中有故事趣味盎然的書；有比起學習效果，更偏重詼諧逗趣內容的書；也有即使畫成漫畫，讀起來依然很困難的書。但這本書卻連很難用簡單方式教導孩子的內容，都說明得趣味十足。

小時候曾在偉人傳記中讀過的偉大科學家、創造學校會學到的各種公式的科學

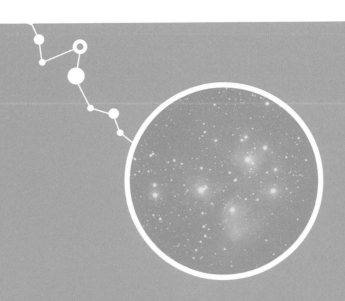

家、偶然在生活中發明物品等有趣的故事，都可以在這本書中讀到。它肯定會成為幫助孩子們奠定學習基礎的寶貴資料。

　　要去上學、去補習，還要做功課，孩子們肩上的壓力真的好沉重。所以，我帶著盼望能為孩子們減輕一點負擔的心情，推薦這本有趣的書給大家。正如同偉大的科學家們總是渴求新事物、努力改變世界，但願各位小朋友也能茁壯成長，成為可以留心傾聽、觀察細微事物的人。

韓國科學教師會會長 鄭聖憲

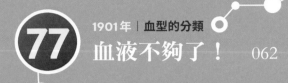

1878年｜巴斯德的細菌論

現代醫學的
正式發展

啊！
這是什麼？

怎麼啦？

果醬發霉了。

咦，明明有保存
在冰箱啊，
為什麼會
發霉呢？

這是因為空氣中
會導致發霉的微生物
跑進了果醬罐裡頭。

什麼？我們
呼吸的空氣中
有微生物？

不過，從前的人
不知道這些事，

還以為微生物或蛆蟲等
生物是自然產生的。

啊！您是指亞里斯多德的
「自然發生說」對吧？

沒錯。

他對自然發生說抱持強烈的懷疑。

嗯，真奇怪。

罐頭有
哪裡不對勁嗎？

那麼，發現空氣中
有細菌的人
是誰呢？

就是法國的
微生物學家
巴斯德。

將食物加熱並密封後，
腐敗的速度
就會變慢，

咦？為什麼？

不覺得這
很奇怪嗎？

依照自然發生說，
無論是罐頭中的食物
或放在空氣中的食物，
不是都同樣會腐敗嗎？

哦，真的耶。

嘿嘿，
謝謝稱讚。

呿！這個
我也知道。

這個形狀
好特別喔。

這個彎曲的燒瓶
叫做鵝頸瓶。

這個燒瓶的特徵
就是空氣能夠
自由出入，

但空氣中飄浮的
微生物卻很難進入。

那麼，這個脖子最長的
燒瓶有什麼用途呢？

我在想，燒瓶的管子越長，
微生物是不是就越難進入。

啊！有可能耶。

你們不好奇
根據管子的長短，
腐敗速度會有什麼變化嗎？

好好奇喔。

一週後

博士！

嗯，腐敗得很嚴重呢。

博士，中間的鵝頸瓶裝的肉汁腐敗了，

兩週後

但裝在長管鵝頸瓶的肉汁還很完好。

果然我的假設沒錯！

巴斯德透過這個實驗，否定自然發生說，主張「生源說」。

微生物必定是因為微生物的*孢子進入才會繁殖，

絕對沒有自然產生的生物！

*孢子：生物以無性生殖的方式形成的細胞。

疾病或傳染病是因為微生物造成的。

除此之外，巴斯德也大大改變了人們不科學的認知。

只要做好環境清潔，有效除去空氣或水中不好的微生物，就能大幅減少傳染病。

哇！從這時候就有 *公共衛生的概念啦？

是啊，寶拉果然一點就通。

但是我的動作比較快！

※猛然

會危害人類健康的有害微生物，就要全部消滅！

轉身

*公共衛生：透過公眾的努力，預防地區居民罹患疾病、維持與增進其健康的科學。

有害的微生物啊！消失吧！

我的天啊！宇宙竟然也有主動打掃的一天……

就是說啊。

追求自由！
追求快速！

賽車
真的好刺激
有趣哦!

聽到引擎聲,
還以為我的心臟
要跳出來了。

博士,
汽車是
什麼時候
發明的?

只要把蒸汽火車想成是
早期的汽車
就行了。

喔,對了,上次您說,
第一次發明蒸汽火車時,
是在一般道路行駛吧?

寶拉的記性
真好。

雖然蒸汽火車
既安全又快速,
但有個缺點,
就是必須在鐵路上行駛。

所以在沒有鐵路的地方
就只能靠馬車移動。

啊哈,
原來如此。

所以人們試圖利用蒸氣裝置來製造汽車。

這是我發明的蒸汽車，怎麼樣？

哇！好大。

要不要搭看看？

有點不安耶。

不、不用了。

我要搭！

※蒸氣聲

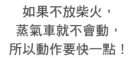

如果不放柴火，蒸氣車就不會動，所以動作要快一點！

哇哈哈！快跑啊，跑啊！

呼呼！哎喲，好累啊。

說是免費搭乘，我卻來這裡當苦力。

※裂開

※斷裂

呃啊！橋梁塌陷了！

嗯，車太重了嗎？

幸好我沒搭，呵呵呵。

呃呃……

無論是燃料或體積，蒸汽機用來當汽車的引擎都有很多問題。

沒錯，我深有同感。

19世紀末，發明了用汽油當燃料的*內燃機後，就解決了問題。

終於開始使用石油了啊。

*內燃機：燃燒燃料和空氣等氧化劑，獲得能源的機器。

噢！真的跑得很順呢。

1885年，德國的發明家戴姆勒和賓士打造了使用這個機器的汽車。

戈特利布‧戴姆勒

那不是機車嗎？

沒錯，戴姆勒用汽油引擎發明了會跑的二輪車，也就是最早的摩托車。

我的汽車要比二輪車更安全。

我可以搭搭看嗎？

賓士利用獨立的汽油引擎，打造了三輪車。

卡爾‧賓士

哇！真有趣。

喂，就妳自己搭啊？

一年後，戴姆勒再次打造出三輪車，完成了與現今相同型態的汽車。

※咻

呼呼，
終於搭上了。

呼

呼

但是，
讓汽車普及的人，
是美國的福特。

奇怪！
怎麼才剛搭上
就停車了？

※噓伊

福特打造出每個人
都能駕駛的T型車，
大受好評。

呼！現在總算
能坐一下了。

什麼？
不搭車嗎？

最後，汽車成了全世界
不可或缺的重要
交通工具。

您要去
哪裡？

當然是
回家啦。

世界上
肉眼看不見的真相！

啊！好燙！

慢慢來，吹涼了再吃。

微波？微波爐的微波？

上次我說過馬克士威的電磁波理論吧？

對。

咦，不過微波爐又沒有點火，要怎麼幫水餃加熱呢？

那是因為「微波」的關係。

微波就是電磁波的一種。

啊哈～（裝懂）

所有物體都有自然頻率。

微波會以2,450MHz振動，而這種自然頻率和水的一樣。

水的自然頻率 ＝ 微波的振動（2,450MHz）

所以微波和水相遇之後，就會產生「*共振現象」。

哇，幸會啊！

微波

水分子

共振現象

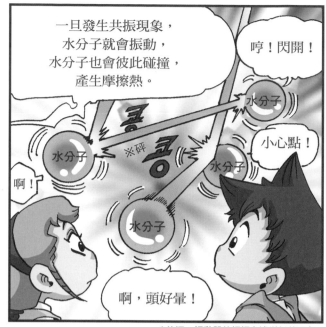

一旦發生共振現象，水分子就會振動，水分子也會彼此碰撞，產生摩擦熱。

哼！閃開！

水分子

小心點！

水分子

※碰

啊！

水分子

水分子

啊，頭好暈！

*共振：振動器的振幅急遽增加的現象。

將含水分的食品放進微波爐運轉，就會發生這種現象，讓食品溫度上升。

仔細想想，我還沒說過電磁波是怎麼發現的呢。

馬克士威的假說雖然非常出色，但因為缺少具體實驗結果，所以當時大家都不當一回事。

沒錯，您說電磁波的存在是後來才證實的。

證實電磁波的存在的人，
就是赫茲。

赫茲原本並不是研究電磁波的。

在高電壓下，物質會
出現什麼電反應呢？

※帕滋滋

咦？接收裝置沒有直接相連，
為什麼會出現火花？

※啪

他有預感，這個發現非同小可，
所以反覆進行實驗。

沒錯！這不就是
馬克士威假說中
的電磁波嗎？

電磁波不需要任何電線，
只要移動距離，
就會看到反應。

嗯，很有趣，它會透過空間擴散到四面八方！

※啪滋滋滋

赫茲透過實驗發現了電磁波的各種特徵。

謝啦。

電磁波的性質和光一樣，馬克士威的假說是正確的。

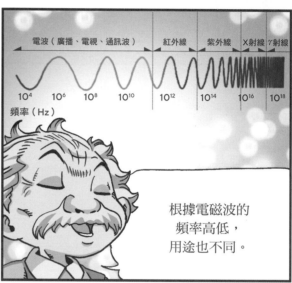

電波（廣播、電視、通訊波）　紅外線　紫外線　X射線　γ射線

10^4　10^6　10^8　10^{10}　10^{12}　10^{14}　10^{16}　10^{18}

頻率（Hz）

根據電磁波的頻率高低，用途也不同。

因此發現的電磁波，現今被應用在各種領域。

真的嗎？

我們隨處看到或聽到的廣播、電視就是代表性的例子。

還有軍事上使用的雷達，也利用了電磁波。

哇！還有微波爐也是，電磁波真是無所不在耶。

不只這樣，發明電波望遠鏡之後，就連用大型望遠鏡看不到的遙遠宇宙，也都能觀察到。

使用電磁波的發明，應該會持續下去吧。

真好奇又會出現什麼發明呢。

嗝

我倒是很期待下次要吃什麼。

飽嗝

這麼快就全部吃完了？是大食怪嗎？

誰叫妳那麼專心聽課咧？

愛迪生的 發明

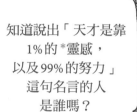

知道說出「天才是靠1%的 *靈感，以及99%的努力」這句名言的人是誰嗎？

愛迪生！

*靈感：受啟發的想法或刺激。

可惡！我就只知道那一個耶，被妳講走了啦！

嘿嘿，其實我也只知道這個……

那麼，愛迪生發明了什麼呢？

電燈！

驚

※搞住

※冷汗

嗚嗚

趴地

光是我發明的東西就超過1300多種，你們卻只記得一種，

※抽動

1300多種?!

我還以為孩子們會知道幾個具代表性的發明，真是抱歉啊。

現在這個房子內的配電箱、開關和保險絲，全部都是我發明的啊！

哇！您發明了好多偉大的東西喔。

是、是喔？

謝啦，嗚嗚。

這時稱讚最有效，你也趕快說。

喔、喔，知道了。

......

哇！不愧是發明大王，叔叔是天下第一！

哈哈哈！你們現在才知道我有多厲害啊！

那麼，就來好好說一下我發明了什……

來，就由我來告訴你們，愛迪生發明了什麼。

※探頭

愛迪生發明的東西中，最廣為人知的就是電燈和留聲機。

留聲機？

留聲機可以收集聲音，也就是儲存聲音的機器。

竟然可以儲存聲音！

留 保留的留
聲 聲音的聲

你們知道電話的原理嗎？

知道，第二冊學過了。

※嘰

好，電話就是把聲音轉成電訊，接著再轉換成聲音。

聲音 ➡ 電訊 ➡ 聲音

32 ● 出發吧！科學冒險 ❸

我那時想，是不是只要能把聲音轉換的電訊儲存起來，就等於「儲存聲音」。

聲音→

電訊

※嗒

哇！

於是，我發明了這個留聲機。

我從來沒有思考過儲存聲音這個問題耶……

我也是。

這就是靠1%的靈感和99%的努力得來的結果。

那您還發明過什麼呢？

嗯，我把超過一定距離就不能通話的電話加以改良，還製作了電動打字機，還有……

還發明了拍電影時使用的攝影機、放映機和有聲電影。

我發明的東西，為什麼是由你來說啊！

我還發明了發電廠使用的大型發電機，還有……

※推

別說了！

哎喲？

就算講好幾天，也沒辦法把愛迪生發明的東西說完。

所以，就到此告一段落吧。

這怎麼行！我發明的故事現在才要開始耶！

下次還有機會說故事，所以請別擔心……

時間已經這麼晚啦，下次再見囉！

請慢走。

呼！

會動的
照片

這是你們剛才看的電影的膠卷底片。

哇，這就是電影底片啊。

我也是第一次看到。

博士，電影是什麼時候出現的呢？

先前提過照片的發展，可以說是電影的源頭。

照片不是不會動嗎？怎麼能看作是電影的源頭呢？

照片當然不會動啦，不過妳看這個。

如果只看一張照片，當然不會動，

但如果連續拍攝寶拉跳躍的樣子，那會怎麼樣呢？

是啊，電影就是把拍下的照片連續播放出來。

這樣會把我跳躍的每一個動作都拍下來吧？

哦！所以才會出現人在移動的畫面啊！

沒錯。

19世紀後半，大家開始想辦法製作會動的照片，也就是電影。

盧米埃兄弟

1895年，盧米埃兄弟就製作出約一分鐘的電影。

什麼！人在相片裡移動！

看電影的人大受衝擊。

啊！那個人拿槍射我。

不只是盧米埃兄弟，就連愛迪生也製作了有畫面和聲音的有聲電影。

啊！上次您說愛迪生發明了拍電影的攝影機。

利用電影底片和留聲機，就能創造有聲音的電影了呢！

之後，有聲電影正式普及，電影界的技術也持續發展。

※啊

※嘈雜

這種發展一直延續到現在，所以你們愛看的電影才會誕生。

這就是能穿透身體的光線！

實拉，對不起！

沒關係，真的沒關係啦。

你們來啦？咦？實拉受傷啦？

我們在玩足球，我踢球卻打中了實拉的手腕。

真糟糕，去醫院了嗎？

去了，我拍了X光片，幸好醫生說骨頭沒有問題。

不過，拍了X光之後，真的能知道骨頭沒事嗎？

當然啊，X光不是能看到身體裡面嗎？

哇！能看到
身體裡面？

哇塞，怎麼有這麼
神奇的發明啊！

天啊！我有時候覺得，
宇宙你好像
來自別的星球。

說不定是來自
笨蛋星球喔，
哈哈哈。

博士！

拍攝X光時需要X射線，
而發明X射線的人就是倫琴。

他在進行陰極射線的實驗時，
發現了非常奇怪的現象。

陰極射線指的是
釋放電力時發生
電子的流動。

如果讓電流通過
這根發生陰極射線的
*克魯克斯管，就會發生
非常有趣的現象。

能幫忙
關個燈嗎？

好！

*克魯克斯管：被抽成真空、裝有陰極和陽極的玻璃管。

如何？

哇！像螢光燈一樣發亮耶。

咦？那是什麼？

那上頭塗了氰化鋇，但它為什麼發光呢？

是因為反射克魯克斯管的光芒嗎？

用黑色紙張擋住好了。

哎喲？用黑紙擋住後還是會發光耶。

嗯……難道不是克魯克斯管的光線造成的嗎？

倫琴為了弄清楚光線的性質，不斷進行研究。

這個光線會直接通過紙張、木材和金箔等。

就把它命名為「X射線」吧，也就是無法理解的射線。

※X射線

X射線的性質不只是如此。

X射線通過之後，把人的骨頭拍攝下來了呢。

好好利用它，應該能在醫學上大放異彩。

果不其然，X射線對醫學界造成了深遠影響。

這裡有顆子彈。護士，立刻準備動手術。

是！

倫琴發現X射線之後，對發現新的放射線也帶來非常重大的影響。

α（Alpha）射線
β（Beta）射線
γ（Gamma）射線

X射線可說是20世紀核能時代的物理學起點。

這個成就，使得倫琴榮獲第一屆諾貝爾物理學獎。

順帶一提，有一個獲得最多諾貝爾獎的家族，知道是哪個家族嗎？

不知道，請告訴我們！

那麼，下一課再說明給你們聽！

快點、快點，趕快到下一頁！

科學家族，
居禮家族

他們究竟
拿到了幾次
諾貝爾獎呢？

三次，如果把共同領獎
也算進去，就是拿到
五個諾貝爾獎。

就我所知，有很多
國家到現在都沒拿過
一次諾貝爾獎呢。

是啊。

究竟是
哪個家族呢？

就是居禮家族。

啊，就是首次由女性獲得
諾貝爾獎的居禮夫人！

沒錯，皮耶‧居禮和
他的夫人瑪麗‧居禮，

還有他們的
女兒伊雷娜和
女婿約里奧。

「放射能」這個名稱
是由他們命名，而且
也發現了許多放射能物質。

雖然不知道放射能
是什麼，但看起來
好厲害喔。

自然界
有穩定的元素
和不穩定的元素。

好不安！
好不安！

穩定的元素

不穩定的元素

當元素不穩定時，原子核
會自行崩解，這時從內部
噴發出來的東西，
就叫做放射線。

呃啊！
我受不了啦！

※砰

還有，像這樣釋放放射線的
性質，就叫做放射能。

啊哈！
原來如此。

放射能最具代表性的
物質就是鈾。

居禮夫婦以鈾來進行放射能研究。

除了鈾之外，還有其他帶有放射能的物質吧？

我也這麼想。

也許鈾裡頭參雜了含有其他放射能的物質。

沒錯，我們再仔細研究看看吧。

居禮夫婦為了進行放射能研究而散盡家財。

您要買下全部的鈾礦廢棄物？

是的，那是我們研究時必需的東西。

四年後

兩人很熱衷地尋找放射能物質。

老公，你看這個！

什麼？

這個物質擁有的放射能比鈾多數百倍！

哇哈哈哈！我們終於辦到了！

老公……

雖然失去丈夫，但居禮夫人沒有灰心喪志，依然繼續做研究。

這個研究是和老公一起進行的，不能就此打住。

最後，她迎來了第二個諾貝爾獎的榮耀。

天啊！好帥氣哦。

但是放射能研究卻為她帶來了致命的劇毒。

這是什麼意思呢？

長期暴露在放射能之下，導致居禮夫人罹患了白血病。

白血病

什麼?!

放射能會破壞人體的免疫功能，
是一種非常危險的物質。

那只要小心研究
不就行了嗎？

放射能＝

當時的人們還不清楚
放射能對人體有害，
更何況是最早研究它的
居禮夫人呢？

居禮夫人聽到女兒和女婿
又發現其他放射性元素的
消息後，闔眼離世了。

居禮夫人的犧牲，讓我們
知道了放射能物質的
危險性呢。

就是說啊。

嗚～
太可憐了。

但也多虧了居禮夫婦，
放射能的研究
才有大幅進展。

想必他們
在天之靈，也會
感到很欣慰。

隔著**大海**對話

所以馬可尼就把全副心思放在改良收發器上。

要是山上的收發器發出聲音，你們可以幫忙按開關發送訊號嗎？

好～！

拜託一定要成功啊……

※按按按

呀呼！成功啦！

嘩伊

嘩

他成功地進行長距離通訊後，取得無線電的專利權，成立了公司。

只要有無線電，就算在船上也可以通訊。

噢，好驚人啊！

馬可尼更進一步改良無線通訊機器，即便是非常遙遠的距離也能通訊。

※嘟嘟嘟嘟嘟

之後，無線通訊扮演了在短時間內告知遠方情報的重要角色。

今天歐洲發生什麼事了嗎？

聽說英國舉辦了博覽會，還有法國……

哇！那地球另一邊的消息也馬上就能知道了呢！

沒錯，無線通訊的發明，可以說是開啟全新通訊時代的信號彈。

因為馬可尼的通訊日益發達，今日的無線通訊工具才會如雨後春筍般出現。

在大海中**穿梭**

是鯨魚潛水艇！

哇！看那邊的鯨魚！

真的好美哦！

搭乘潛水艇的感覺怎麼樣？

超棒的！

博士到現在才讓我們搭乘潛水艇,真是太過分啦。

哈哈,抱歉啦。

不過,潛水艇為什麼能潛入海中呢?

這已經學過了,你們不知道嗎?

咦?我們有學過嗎?

是啊,就是阿基米德原理。

啊!是浮力和重力吧?

哎喲?是有學過沒錯,但那和潛水艇有什麼關係咧?

浮力就是浮在水面的力量啊。

浮力

這我也知道啊，

而重力是地球對物體施加的力量。

重力

沒錯，潛水艇就是利用這兩種力量，所以能潛入海中，也可以跑到海面上。

潛水艇的內部有人能呼吸的空間，

也有能灌滿或排出水的空間。

只要替這個地方灌水重量就會變重，

重力也會大於浮力，使得潛水艇往下沉。

啊哈！

浮力＜重力

然後，強制灌入空氣，把水排出去之後，就會發生與剛才相反的現象。

浮力＞重力

啊！浮力變得比重力大，所以才能讓潛水艇浮在水面上啊！

沒錯。

潛水艇第一次出現是在什麼時候呢？

這是1776年美國獨立戰爭時出現的「海龜號」。

噗！這是潛水艇嗎？不是啤酒桶嗎？

會打造這潛水艇是為了跑進敵人的船艦底下鑿洞，卻沒有紀錄顯示它完成任務。

後來在1897年，誕生了最初的近代潛水艇「霍蘭」。

平常會靠內燃機引擎來航海，在水中則是使用電池前進。

啊，原來在大海中是使用電池前進啊。

這艘船平常會浮在水面上，只有必要時才會潛水。

後來在1954年出現了用核能移動的潛水艇「鸚鵡螺號」。

核能？

是啊，核能可以提供幾乎等於無限的能量，

因此具有能長時間在水中航海的優點。

可是我好像在哪裡看過鸚鵡螺號耶。

就是朱爾·凡爾納寫的小說《海底兩萬哩》出現的潛水艇名稱啊。

啊，原來如此。

什麼原來如此！拜託你讀點書好不好！

斷線

噴，我只要看到書就睡著，怎麼會有時間讀書？

※怒火中燒

▼ 巴斯德 Louis Pasteur

法國化學家、微生物學家。確認空氣中的微生物導致腐敗的發生，開發了低溫殺菌法、炭疽病和狂犬病的疫苗。

▼ 戴姆勒 Gottlieb Wilhelm Daimler

德國機械技術人員，戴姆勒汽車公司的創辦人。發明高速汽油機，成功製造二輪和四輪汽車。

68

現代醫學的
正式發展

69

追求自由！
追求快速！

● 1878 年
巴斯德的細菌論

▲ 賓士 Carl Friedrich Benz

德國機器技術人員、汽車發明人。
與戴姆勒共同成立戴姆勒賓士汽車公司，
製造梅賽德斯－賓士汽車。

改變世界的 ①
科學家們

● 1885 年
發明汽車

1897 年 ●
無線通訊

1896 年 ●
居禮夫婦的放射能研究

1897 年 ●
潛水艇的出現

76

在大海中
穿梭

75

隔著大海
對話

74

科學家族，
居禮家族

▲ 馬可尼
Guglielmo Marconi

義大利發明家、企業家，最早成功使用無線通訊，擴大其實用性，建立了長距離無線通訊的基礎，曾榮獲諾貝爾物理學獎。

▲ 居禮夫婦
Pierre Curie, Marie Curie

法國物理學家，發現了最早的放射性元素鐳和釙。瑪麗曾獲得諾貝爾物理學獎和化學獎，皮耶曾獲得物理學獎。

▼ **赫茲** Heinrich Rodolph Hertz

德國物理學家。透過電子振盪實驗確認
電磁波的存在，並使用拋物面鏡，
驗證馬克士威的理論是正確的。

▼ **愛迪生** Thomas Alva Edison

美國發明家。發明了鎢絲燈泡、電報機、電話、
留聲機、放映機等許多物品，專利數超過1300種，
有「發明大王」之稱。

70
世界上
肉眼看不見的
真相！

71
愛迪生的
發明

● **1888年**
電磁波

● **1894年**
發明王愛迪生

1895年 ●
發現X射線

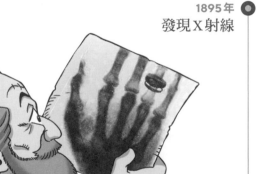

1895年 ●
電影的出現

73
這就是能穿透
身體的光線！

72
會動的
照片

▲ **倫琴** Wilhelm Conrad Röntgen

德國物理學家。利用克魯克斯管研究陰極射線時，
發現了比既有光線的穿透能力更強的未知放射線，
並將它命名為「X射線」。

▲ **盧米埃兄弟** Auguste Lumière, Louis Lumière

法國發明家。發明了放映機兼攝影機的「電影機」，
後來使用它拍攝首部電影，向一般人公開播放。

血液不夠了！

博士，我今天去捐血了！

我也是！

噢，你們做了善事呢。

我是AB型，寶拉妳是什麼血型？

我是O型。

這麼說來，我記得還有其他血型啊……

血型分成A型、B型、AB型和O型四種。

A, B, AB, O

啊哈，可是為什麼要區分血型咧？

喂，你覺得為什麼要捐血？

這個嘛，有受傷或要動手術的人血液不夠時，不是會用我們捐的血液替他們輸血嗎？

那你還明知故問？

咦？

動手術時，只能輸相同血型的血液，不然可能會死亡。

什麼？！

啊啊！不行！

醫生！

從前有很多在手術途中因失血過多而死亡的例子。

流太多血了。

手術時失血過多
而死亡的患者太多了。

用動物的血液
來輸血怎麼樣？

有沒有什麼
好方法？

這個實驗在150年
前就做過了。

你是沒看到輸入
動物血液的人
立即死亡的報告嗎？

連動物血液都
不行，那怎麼……

假如無法解決
出血過多的問題，
就會不斷有患者
在手術途中死亡……

蘭德施泰納很努力想要解決這個問題。

這是血液標本，
是為了方便
用顯微鏡觀察
所製作的。

這是什麼？

嗯……

您怎麼了？

我把好幾個人的
血液混在一起，
用顯微鏡觀察，

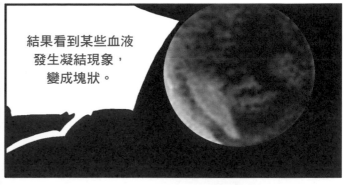

結果看到某些血液
發生凝結現象，
變成塊狀。

可是有些血液
卻沒有任何異常。

好神奇哦。

依我看，
血液應該有好幾種，
而且同一種混合時，
就不會有任何問題。

啊哈，
原來如此。

他將血型
分成了A、B、O和
AB型。

可是，區分血型的
標準是什麼呢？

A型

B型

O型

AB型

血型中含有抗體，以及會對它出現反應的抗原。

抗原
⇕
抗體

人的免疫系統一旦碰到不存在於自己細胞的抗原和抗體，就會發生凝結現象。

這就叫做溶血反應。

A抗體＋A抗原
⬇
黑紅色塊狀

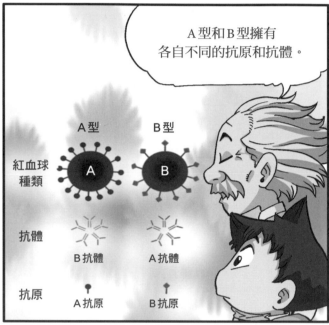

A型和B型擁有各自不同的抗原和抗體。

	A型	B型
紅血球種類	A	B
抗體	B抗體	A抗體
抗原	A抗原	B抗原

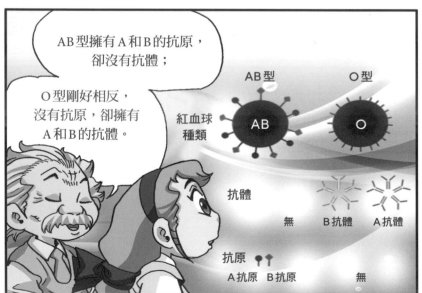

AB型擁有A和B的抗原，卻沒有抗體；

O型剛好相反，沒有抗原，卻擁有A和B的抗體。

	AB型	O型
紅血球種類	AB	O
抗體	無	B抗體　A抗體
抗原	A抗原　B抗原	無

那麼，A型和B型是因為擁有各自的抗原和抗體，所以才不能輸血囉？

A型 ✕ B型

沒錯，另一方面，AB型因為缺少會產生反應的抗體，所以任何血型都可以輸血。

AB型
A型
AB型 ← B型
O型

相反的，O型擁有所有抗體，所以當其他血型跑進來時，就會發生凝結現象。

啊哈！所以像我就可以輸血給所有人啊！

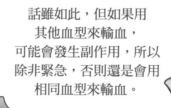

O型 ← O型

話雖如此，但如果用其他血型來輸血，可能會發生副作用，所以除非緊急，否則還是會用相同血型來輸血。

因此，捐血可以說是非常重要的一件事。

當捐血量不足，珍貴的生命就可能會因此消失。

想到可以拯救生命，往後我可要經常去捐血了。

所以我對你們去捐血感到很驕傲哦。

嘿嘿。

人在天上飛

※無力墜落

※嗒

好遜，直接就掉下來了。

怎麼飛不起來？

嗯，飛機的重量不對。

現在可以了，你再飛飛看。

好。

※抛

如果把飛機做成
很大一個，在天空飛翔
一定更棒吧？

哇！那我也
可以搭嗎？

法國的孟格菲兄弟製作並搭乘熱氣球，算是人類最早的飛行。

看那邊！
地面的人看起來
和螞蟻一樣大！

不過，人類是
從什麼時候開始
能在天上飛的呢？

在天上成功飛行，
是在1700年後半期。

但氣球有個缺點，
就是很難隨心所欲操縱。

不僅如此，
也無法載很多人。

德國的李林塔爾則是打造出滑翔機，進行在天空飛翔的實驗。

呀呼～！

※咻嗚嗚嗚

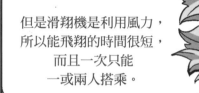

但是滑翔機是利用風力，所以能飛翔的時間很短，而且一次只能一或兩人搭乘。

為了打造出修正這種缺點的飛機，科學家們煞費苦心。

如果有能像汽車一樣隨意操縱，又能長時間在天空飛翔的機器就好了⋯⋯

萊特兄弟很熱衷研究鳥兒飛翔的樣子和製作飛機。

看那邊，禿鷲在繞圈子時，翅膀尾端會動。

真的耶。

哥，不如我們也來做做看？

這主意不錯。

奧維爾・萊特

威爾伯・萊特

他們持續進行讓飛機在天空飛翔的研究。

雖然靠禿鷲解決了飛機轉彎的原理，但重要的還是在於動力。

哥！哥！

用這個怎麼樣？

這不是讓船隻前進的螺旋槳嗎？

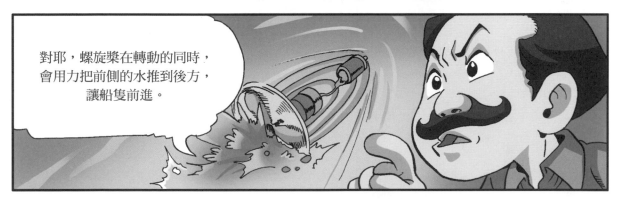

對耶，螺旋槳在轉動的同時，會用力把前側的水推到後方，讓船隻前進。

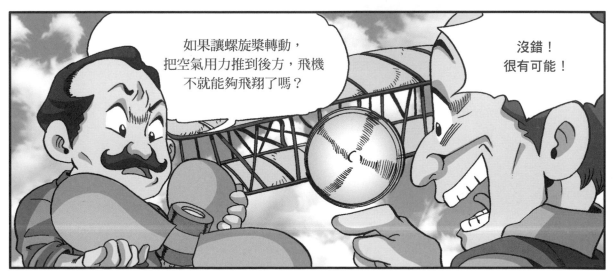

如果讓螺旋槳轉動，把空氣用力推到後方，飛機不就能夠飛翔了嗎？

沒錯！很有可能！

1903年，雖然飛行時間極為短暫，
但萊特兄弟成功讓飛機在天上飛行。

飛起來了！
飛起來了！

※螺旋轉動聲

萊特兄弟反覆進行研究，
逐漸拉長了飛機的
飛行時間和距離。

真是
了不起！

之後，許多人紛紛
投入製作飛機，
技術也日新月異。

到了今日，飛機
成了在一天之內
就能來往全世界的
交通工具。

不過一百年，
技術就變得這麼進步……

這可以說是人類夢想飛向天空
所得來的成果吧。

物理學的革命，相對論

博士，您看起來心情很好呢。

終於講到我的理論了，真是太開心啦！

啊哈～

我也知道，博士不是提出了廣義相對論和狹義相對論嗎？

哦，就連宇宙你也……

是指博士的相對論吧？

看來寶拉事先預習了喔？

但我完全不知道是什麼內容。

只知道這樣也沒關係,因為越是鑽研我的理論,就會覺得越困難。

可是相對論是什麼呢?

簡單來說,就是宇宙你的視角和寶拉的視角之間的關係。

我和宇宙的視角?

假設寶拉現在搭乘玻璃列車,而宇宙人在外頭,

當行駛的列車經過宇宙時,你們覺得畫面看起來會怎麼樣?

大概會覺得宇宙往後走吧?

我應該會覺得寶拉往前進吧。

這就是相對論。想理解我的理論,就必須確實掌握這種概念。

我知道科學家會搞不懂光，是因為他們認為時間和空間都有決定性的基準。

時間
＋
空間

就像剛才我所解釋的相對性，關於時間和空間的視角都是不一樣的。

但假如只有光是絕對的，那一切就說得通了。

咦？意思是說，無論在任何情況下，彼此的時間都可能不同囉？

光＝絕對的
其他＝相對的

沒錯，我的理論揭開了*時空的相對性，建立了全新的物理學基礎。

哇！

那麼，廣義相對論又是什麼呢？

它包含了狹義相對論和重力，讓我的理論變得更加全面。

*時空：時間和空間。

我把這相對性的原理總結起來，創造了非常重要的公式。

哇！看起來好簡單呢。

$$E = mc^2$$

那聽我仔細說明一下？

啊，不用了！

感覺就超難的。

等我們長大一點再來認真鑽研。

就這麼辦，畢竟還是有點難吧？

因為我的理論，現代物理學才迎來全新的轉捩點。

真的好驚人喔，您讓我們見識到什麼叫做天才。

是嗎？我偶爾也會被自己的天才嚇到呢！哇哈哈哈！

只要別那麼臭屁就好了。

就是說啊。

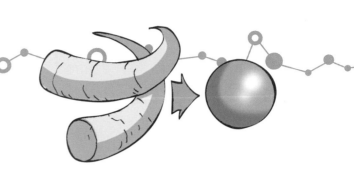

塑膠的
進化

這次換寶拉
當鬼！

好，我一定
會抓到你。

※嘩嘩嘩嘩嘩嘩

哦？

※叩

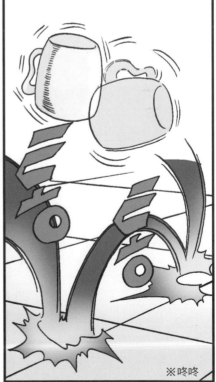

※咚咚

啊！沒接好！
要掉下去了

※喀喀

呼！
還以為
會破掉。

這是塑膠杯，
不會破掉。

真的嗎？
讚喔！

發生什麼
事了嗎？

博士，塑膠這種東西
好神奇哦，

像玻璃一樣透明，
但又不會破。

哈哈，有這麼
神奇啊？

對呀，可是塑膠是
什麼時候發明的呢？

它的出現，是為了代替
用象牙做成的撞球。

用象牙做成的撞球？
是指大象鼻子旁邊
長長的牙齒吧？

天呀！
是真的嗎？

是啊，當時很流行撞球這項運動，所以需要使用大量的象牙。

該不會為了製作小小的撞球，犧牲了無數的大象吧？

妳說對了。

太可惡了！

結果大象數量銳減，撞球的材料象牙也就供不應求了。

這時撞球製造商就開始尋找其他東西來代替象牙。

懸賞

「尋找可以代替象牙的材料。」

※嘟嚕嚕嚕

接著，英國發明家帕克斯就發明了*帕克斯材料（Parkesine）。

怎麼樣？這個東西可以代替象牙吧？

*帕克斯材料：硝化纖維素，是以天然纖維萃取製成。

這個嘛，我看是不行啦……

為什麼不行呢？

※丟

雖然很堅固又有彈性，但這比用象牙還要昂貴，何必用這個咧？

呃！

之後，美國的海厄特兄弟發明了 *賽璐珞，有一段時間都用它來當撞球材料。

*賽璐珞：將樟腦混入硝化纖維素，加以壓縮後製成的半透明合成樹脂。

真的嗎？這樣就不會再有大象犧牲了。

不過，也許應該說人類因此遭了殃。

為什麼人類會遭殃呢？

賽璐珞有個缺點，就是會爆炸。

爆炸？

※砰

偶爾會發生打撞球時爆炸的狀況。

※叩

※砰

驚!

不僅如此，用賽璐珞製成電影底片後，裝滿底片的倉庫也發生了爆炸。

媽啊！好可怕！

※轟隆

之後，正式開啟塑膠時代的人，是叫做貝克蘭的發明家。

他使用化學物質，合成了新的物質。

這是純粹的合成物，跟之前從天然纖維中萃取的合成物完全不一樣。

純粹合成物？

是合成苯酚和甲醛所製成的，全部都是人工製成的化學物。

哎喲？比想像中要輕盈堅固耶。

不只是這樣，只要加熱或施加壓力，想做成什麼形狀都可以。

哇！是機器人。

後來，用人工合成物發明的東西不斷出現，

而這就是塑膠。

塑膠的發明創造了*高分子物質的概念，

高分子化學這門學問也跟著誕生了。

Polymer
高分子化學

之後，塑膠在一百年內成了人類生活中不可或缺的重要物質。

剛開始只是要尋找新的撞球材料，新的物質卻變得俯拾即是呢。

*高分子：橡膠、合成樹脂、纖維素等分子量為一萬以上的分子。

高分子化學現在才要開始，

對人類有用途的全新物質，很可能會持續發明問世。

對呀，我們也好期待！

證明**原子核**的**存在**

我說個跟諾貝爾獎有關的好玩故事給你們聽？

是什麼呢？

有個人研究物理學，結果卻領了諾貝爾化學獎。

咦？那是誰呀？

呃啊！到底是什麼！

怎麼了？發生什麼事了？

歐尼斯特・拉塞福

弗雷德里克・索迪

是一名叫做拉塞福的物理學家，他和同事索迪一起研究放射線。

那個放射性物質……

怎麼了？

越是調查那個放射性物質，就觀察到越多新的物質，

而且根本沒有給予任何條件啊！

嗯……

用目前所有研究方法都無法解釋。

總要有點頭緒，才能推論出什麼啊……

啊，會不會和放射線有什麼關聯？

放射線？

你想想看！放射線是非常強大的能量，但也不可能無限量地從放射性元素跑出來吧？

那麼，難道放射性元素釋放放射線的同時，變成其他元素了嗎？

就是這樣！這個假說就能解釋現在這個放射性物質發生的現象了。

仔細想想，你說的沒錯耶。

當時科學家都相信道耳頓的原子說，認為所有元素都無法轉變為其他元素。

因此，兩人的主張可以說是非常前衛。

就是因為這樣，他們獲得了諾貝爾獎。

啊哈，原來是研究元素，後來拿到了諾貝爾化學獎呀。

沒錯，當時還沒有確立「核物理學」這門學問，所以才可能發生這種情況。

之後，拉塞福有一個很重大的發現。

是什麼呢？

就是證明了
原子核的存在。

電子

原子核

+

他在研究 Alpha（α）
射線時……

博士！

嗯？

可是 Alpha 射線
是什麼？

放射性物質
會釋放出三種不同
性質的放射線。

其中就連薄金屬
也能輕易阻斷的射線，
就叫做 Alpha（α）射線。

β 射線

α 射線

放射性物質

γ 射線

另外和陰極射線
相似，移動非常快速的
就稱為 Beta（β）射線，

而穿透力很強，在很強的
磁場下也不受影響的射線，
就叫做 Gamma（γ）射線。

拉塞福針對這個 α 射線進行了研究。

嗯。

這是什麼
研究裝置呢？

這是把 α 射線照在
非常薄的金箔上，
偵測 α 射線方向的裝置。

哇！實驗結果
怎麼樣呢？

※冒出

大部分都通過了金箔前進，
但你們看，其他方向
也偵測到了部分 α 射線。

這就表示有什麼東西
把部分 α 射線彈出去了？

金箔表面

Alpha 粒子

偵測器

Alpha 放射線

鉛

沒錯，我在想
那會不會是原子核。

原子核？

到目前為止，科學家都主張
原子模型介於帶有（－）電荷的
電子和帶有（＋）電荷的
顆粒之間。

可是，原子模型
和這個實驗
有什麼關係咧？

如果這個假設正確，
實驗結果就不會是這樣，
α 粒子擴散的角度會很小，
也應該是往前進才對。

α 射線

可是射線彈出來的角度
卻偵測到大量的 α 射線，
就代表那個理論錯了。

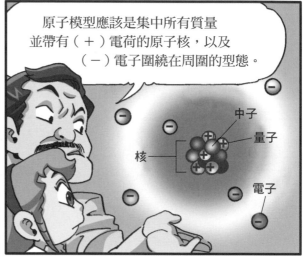

原子模型應該是集中所有質量
並帶有（＋）電荷的原子核，以及
（－）電子圍繞在周圍的型態。

中子
量子
核
電子

之後，他反覆進行研究，
揭開了原子核內部有
「中子」這個物質。

揭開了肉眼看不到的物質，
是不是很了不起啊？

這已經超越了不起的
程度了。

宇宙，
如果你也

超！級！
用！功！

讀書的話，
也一定能成為
偉大的科學家。

為什麼要
強調超！級！用！
功！呢？

無人知曉的 地球內部

※房屋搖晃

怎、怎麼了！

媽啊！

※震動震動

※震動

※平靜

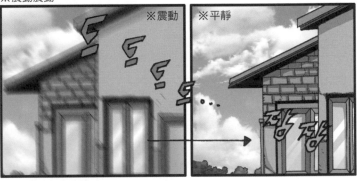

呵呵，
地震了嗎？

原來韓國
也會發生地震啊。

就、就是說啊。

哇哈哈，妳這麼怕啊！

唉～為什麼會發生地震呢？

地球是由好幾個板塊所形成的。

歐亞板塊

非洲板塊

菲律賓板塊

太平洋板塊

印度-澳洲板塊

板塊

板塊

可是這些板塊會互相推擠，逐漸移動。

當推擠力超過一定程度，就會出現劇烈的移動，也就是地震。

要是不會發生地震就好了，而且地震又會造成許多災害……

對啊。

地震確實很危險,

不過假如沒有地震,也許就沒有機會瞭解地球的內部了。

地球的內部?

是啊。

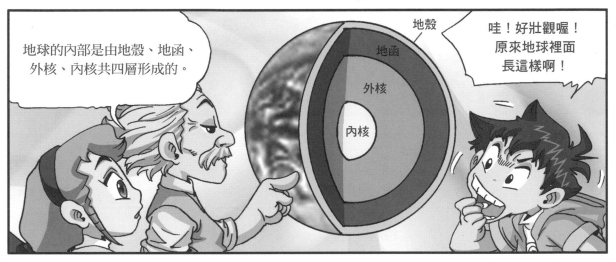

地球的內部是由地殼、地函、外核、內核共四層形成的。

地殼

地函

外核

內核

哇!好壯觀喔!原來地球裡面長這樣啊!

莫霍羅維奇是揭開地殼下方有地函的科學家。

博士,這個好像怪怪的。

怎麼了?

這是上次地震時 *P波的觀測結果。

咦?推斷時間和實際抵達時間有差距耶。

EW

P S

SN

P S

UD

P

60秒

*P波:地震波的一種,波動前進與振動的方向相同,發生地震時最先抵達的波動。

而且有某些區域出現了兩次P波。

是嗎？是不是其他地方又發生了地震？

不是，那天就只有一個地方發生地震。

那麼，這就表示地球內部有某樣東西，地震波抵達的時間才會不同……

莫霍羅維奇在研究地震時，得知地殼底下有地函的存在。

在地下約30km處發生了變化。

那麼，這表示地球內部是由和地殼不同的物質構成。

就把由其他物質構成的部分稱為「地函」吧。

地殼

地函

他用自己的名字，將其命名為「莫氏不連續面」。

不連續面？

不連續面，指的是兩種不同物質的接觸面。

啊哈！

莫霍羅維奇利用地震波研究地球內部的結果，對後來的其他科學家也造成深遠影響。

古騰堡

萊曼

地函和外核之間也有不連續面。

核幔邊界

地函

外核

地球中心的核分成「外核」和「內核」。

雷氏不連續面

外核

地函

內核

※萊曼又譯為雷曼。

假如沒有地震，可能真的無法瞭解地球內部構造耶。

就是啊。

下一課也是關於地球……

是什麼？請趕快告訴我們！

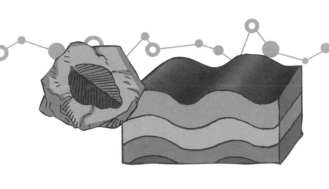

83

1912年｜大陸漂移說

重新**描繪**的
世界地圖

從前有個學說指出，
*大陸只有一個。

*大陸：亞洲、非洲、歐洲、北美洲、南美洲、大洋洲、南極大陸。

唉唷，這
怎麼可能？

這是說
本來只有
一塊大陸，
後來分成了
好幾個嗎？

嗯，仔細看地圖，
又好像是這樣……

什麼？
哪裡？

你比較一下
南美洲和非洲的
海岸線呀。

把它們拼起來……

哎喲，剛好耶！

非洲

南美洲

沒錯，德國的韋格納就是看到這個畫面後產生了懷疑。

韋格納認為，大陸只有一個。

搞不好在地球誕生初期，地球是由一塊大陸構成的……

非洲

印度

盤古大陸

南美洲

南極

就算海岸線相似，也不能說完全吻合，不是嗎？

所以要進行調查呀！

韋格納對自己的想法半信半疑，於是開始尋找證據。

嗯……

那是什麼？

南美洲

啊，這是植物的*化石。

這對博士的研究來說是重要證據嗎？

*化石：地質時代的沉積岩內，沉積的動植物遺骸或活動痕跡。

這是在非洲發掘的化石，怎麼樣？與在南美洲發現的化石形狀很相似吧？

真的很像耶。

非洲化石

南美洲化石

又多了一個證據，證明地球的大陸曾是一體的了嗎？

不只是這樣，我還發現北美洲和北歐的地質構造也很相似。

哇！真的是這樣耶。

北美洲

北歐

再去找找其他證據吧？

南極

呃！好冷！

您想在南極找什麼證據呢？

......

博士？

※啪啪

※啪啪啪

找到了！

呃啊！
嚇死我了！

來，
你們看。

這個？這不是
煤炭嗎？

煤炭是重要的
證據嗎？

煤炭是樹木在土地中累積、
碳化的過程中出現的。

那又
怎麼樣？

啊！這就表示
南極在以前並不是
寒冷地帶吧？

沒錯，我還發現了
這個。

咦？這不是在其他大陸
也有看過的化石嗎？

是啊，這些
就不是偶然，
而是確切證據了吧？

韋格納帶著自己蒐集的證據，在學會上發表「大陸漂移說」。

地球的大陸原本是一整塊，經過分裂才變成現在的模樣。

胡說八道。

大陸這麼沉重，怎麼可能輕易分裂，還移動這麼遠的距離？

那、那是……

博士……

沒關係，都怪我只顧著蒐集證據。

我確實沒有找到大陸移動的能量來源，所以就從現在開始找吧。

我一定會找來證據。

但他卻沒有找到
更多的證據。

為什麼？

他在北極探險時，
遇難身亡了。

好可憐！

那大陸漂移說
後來怎麼樣了？

之後，其他科學家進一步提出
板塊構造論，指出地函的流動
可能造成大陸的移動。

還好韋格納的研究
沒有白費。

是啊，這世界上沒有
白費的研究。只要主張正確，
就會在後世獲得肯定。

解決糧食危機的 化學肥料

呵呵，宇宙應該出生在一百年前的……

為什麼？

就是說啊，宇宙要學的可多了。

咕，我又沒做錯什麼……

也許現在紅蘿蔔或其他糧食很常見，

但你知道一百年前的糧食有多匱乏嗎？

1900 年代＝16 億人口
2000 年代＝超過 63 億人口

過去人口無法大幅增加，原因就在於疾病和飢餓等問題。

由於衛生教育和醫術逐漸發達，疾病獲得很大改善，但飢餓就不同了。

飢餓？那是什麼？

就是餓肚子啦。

既然人口增加了，糧食的生產量也應該要增加，

但以當時生產的天然肥料根本不可能增加糧食。

天然肥料？

替植物堆肥後，植物就會吸收養分，結出許多果實。

堆肥？

未施肥　　有施肥

堆肥指的是腐爛的草、稻草和家畜的排泄物等。

堆肥

但天然肥料的生產量並不多，就更別說是增加糧食的生產了。

啊，原來如此。

栽培植物時，最重要的肥料材料就是「氨」。

NH_3
氨

構成氨的元素中，氮是讓植物生長的必需要素。

NH₃
N＝氮
H＝氫

當時的氨，只能靠南美智利的硝石製造出來。

智利

是喔？

所以氨的生產量當然就不穩定囉。

德國的哈伯想找出解決這個問題的方法。

嗯，氮和氫……

NH₃

有了，這兩個都是空氣中就有的物質啊！

取出空氣中所含的氮和氫，就可以製造氨，而不需要大老遠進口了。

只要有足夠的實驗工具，就能生產氨了。

實驗室

雖然哈伯進行了實驗，但過程並不順利。

想要進行實驗，就需要能承受高壓和高溫的反應裝置。

就在這時候，幫助他的科學家現身了，也就是卡爾·博施。

這是可以承受高溫高壓的實驗裝置。

噢噢！

就這樣，兩人發明了在空氣中製造氨的方法。

這種方法，被稱為「哈伯－博施法」。

從那時開始，就能大量生產人工化學肥料，

也因此能夠生產更多糧食。

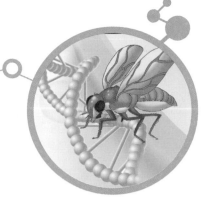

突變與
遺傳學的**發展**

※飛來飛去

※揮

※拿

呃啊！受不了啦！
這討人厭的
果蠅！

※嗒

※用力噴

咳咳！
什麼味道啊？

怕了吧？
這討厭的果蠅！

放過果蠅吧～

※噴噴噴噴

發生
什麼事了？

啊！不知道
從哪裡冒出了
一隻果蠅。

不行啊！

驚嚇

我的……實驗材料……

博士？！

我又做錯什麼了嗎？

這些果蠅是實驗材料？

是啊，是今天要講給你們聽的科學故事中的主角。

驚！

果蠅在科學史上扮演了重要角色嗎？

沒錯，摩根還靠著果蠅研究拿了諾貝爾獎。

靠研究果蠅拿到諾貝爾獎？

他研究果蠅的 *染色體，製作了基因圖譜。

基因圖譜？

*染色體：細胞分裂時，核中出現的粗線團或棒狀的構造。

就是像地圖一樣，把染色體內有什麼樣的基因呈現出來。

XX

XY

啊，是和孟德爾的遺傳定律有關啊！

沒錯。

可是為什麼偏偏要研究果蠅呢？

一般生物孕育下一代的週期很長，

但果蠅的週期非常短，連半個月都不到。

此外，果蠅種類多元，非常適合拿來當作研究對象。

哦，原來如此。

就如同孟德爾研究豌豆，
果蠅也有特殊的遺傳定律。

看看這些果蠅
的眼睛。

眼睛都是
紅色的耶。

啊！這隻果蠅的
眼睛是白色的。

哦！
真的耶！

對吧？所以他按照
孟德爾的定律，讓白眼
果蠅和紅眼果蠅交配。

難道下一代
果蠅的眼睛全部
都是紅色嗎？

托馬斯‧亨特‧摩根

哈哈！
妳很懂哦！

那麼再下一代
會怎麼樣呢？

這跟顯性、隱性
有關……

有了，白眼果蠅應該是
隱性，所以紅眼果蠅
和白眼果蠅出現的比例
會不會是3：1呢？

答對了！

3隻：1隻
3：1

不過，我還發現了一件非常重要的事。

是什麼呢？

我發現白眼果蠅全是雄性。

真的嗎？

我依據這些事實判斷，決定眼睛顏色的基因，就在於區分果蠅雄性和雌性的基因，也就是Y染色體。

Y染色體？

染色體中存在著決定性別的染色體，

如果其中有兩個X染色體，性別會是女性，X和Y各有一個，那就是男性。

XX染色體＝女性
XY染色體＝男性

所以，您的意思是，白眼果蠅之所以都是雄性，是因為決定白色眼睛的基因包含了Y染色體。

說對了！

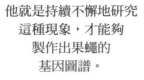

他就是持續不懈地研究這種現象，才能夠製作出果蠅的基因圖譜。

孟德爾的理論雖正確，卻沒有揭開為什麼會出現這種結果，

但摩根的基因圖譜解決了這個問題。

不僅如此，科學家也因此能利用果蠅來研究引起人類疾病的原因。

是怎麼辦到的呢？

引起人類疾病的基因之中，有許多與果蠅基因相似的地方，

所以科學家透過果蠅持續進行與人類疾病相關的研究。

啊！我居然殺掉了那些果蠅……

真的很抱歉。

也要怪我沒事先告訴你，那麼……

就算這樣，也不能叫我抓果蠅啊！

博士太過分了！

別打我啊！

與**愛因斯坦**對立的
全新**物理學**

博士，我在讀
科學史時碰到了
不懂的地方……

什麼？宇宙你
主動看書?!

嗚嗚！我作夢也沒
想到會有這一天。

這都是我努力
才得來的結果，
真是感動萬分啊！

哎，我自己
去找答案。

好啦，你的問題
是什麼？

博士，量子
力學是什麼？

竟然讀
這麼難的內容，
真了不起啊。

量子力學這門
學問有這麼難嗎？

※哈哈哈哈

是啊，想徹底瞭解量子力學，可能需要花很長的時間研究。

我是不是不該問？

力學指的是說明自然現象的物理學方法。

啊，原來如此。

其中以牛頓為代表的物理學，稱為古典力學，

也有人將我的相對論囊括在內，與量子力學作對比。

古典力學

艾薩克・牛頓

到19世紀中期為止，實驗都可以靠牛頓的古典力學來解釋，

但是進入20世紀之後，陸續出現難以靠古典力學來解釋的現象。

古典力學
↓
19世紀
↓
20世紀

為了充分解釋自然現象，有些人主張重新檢討古典力學的系統。

所以，量子力學就出現了。

馬克斯·普朗克提出量子假說後，靠好幾位科學家才逐漸成形。

馬克斯·普朗克

埃爾溫·薛丁格

維爾納·海森堡

保羅·狄拉克

但量子力學和古典力學不同，是採「機率」的看法。

機率？這表示不是明確的對或錯，

而是有可能對，也有可能不對嗎？

沒錯，就算可以準確得知現在的狀態，

也不可能百分之百預測未來的事。

呃！我聽不太懂。

連妳都聽不懂了，更何況是我？咕嚕嚕嚕！

也就是說，沒有什麼是準確的囉？

所以當時我也不認同那個理論。

我的理論對量子力學的形成有很大貢獻，但我卻很難接受它。

為什麼？

應該說「上帝不會擲骰子」嗎？

力學的偶然要素和機率性的分析不是我的風格。

呃！我實在是不該問的。

嗯……

完全聽不懂！

假如沒辦法徹底理解，不要使用那個理論不就好了嗎？

當然啦，這個理論引起許多科學家的爭議和反對，

但這個理論的實驗結果是準確的，所以也不得不認同。

我好像可以理解宇宙的心情了。

嗯？

※無力

我完全聽不懂是在說什麼，

看來我真的是笨蛋吧！

妳終於能瞭解我的痛苦啦。

※啪啪啪啪啪

聽不懂很正常，

量子力學的教父波耳就曾這麼說：

「研究量子力學的人，如果沒有感到困惑，就表示他沒有瞭解透徹。」

尼爾斯・亨里克・達維德・波耳

你們長大之後，如果對科學很感興趣，到時再來努力鑽研吧！

在那之前，只要知道為什麼會出現這個理論就行了。

呼！太好了。

▼ **蘭德施泰納**
Karl Landsteiner

奧地利的病理學家。發現人類有
ABO 血型，建立了輸血方法。
1930 年獲得諾貝爾生理‧醫學獎。

▼ **萊特兄弟**
Wilbur Wright, Orville Wright

美國飛機製造者。
製造世界上第一架動力飛機，
成功在天上飛翔。

▼ **愛因斯坦**
Albert Einstein

出生德國的美籍理論物理學家。
發表光量子論、相對論
和統一場論。

77
血液
不夠了！

78
人在
天上飛

79
物理學的
革命，
相對論

● **1901年**
血型的分類

● **1903年**
萊特兄弟的飛機

● **1905年**
愛因斯坦的
相對論

改變世界的 ② 科學家們

1915年 ●
果蠅與染色體實驗

1913年 ●
氨的合成

1925年 ●
不確定性原理與
量子力學

86
與愛因斯坦
對立的全新
物理學

85
突變與
遺傳學的
發展

84
解決糧食
危機的
化學肥料

▲ **摩根** Thomas Hunt Morgan

美國遺傳學家、動物學家。
研究果蠅的染色體，建立基因理論，
1933 年獲得諾貝爾生理‧醫學獎。

▲ **哈伯** Fritz Haber

德國化學家，和博施（Bosch）一同
提出合成氨的「哈伯－博施法」，
1918 年獲得諾貝爾化學獎。

▼ **貝克蘭** Leo Hendrik Baekeland
出生比利時的美籍化學家、技術人員。
成功開發相片紙「VELOX」，並且發明
最早的合成樹脂「貝克萊特」。

▼ **拉塞福** Ernest Rutherford
出生紐西蘭的英籍物理學家、化學家。
在拉塞福散射實驗中發現原子核的存在，
發表了拉塞福的原子模型。

80
塑膠的
進化

81
證明
原子核的
存在

1906 年
塑膠的發明

1911 年
拉塞福的原子模型

1909 年
莫氏不連續面

1912 年
大陸漂移說

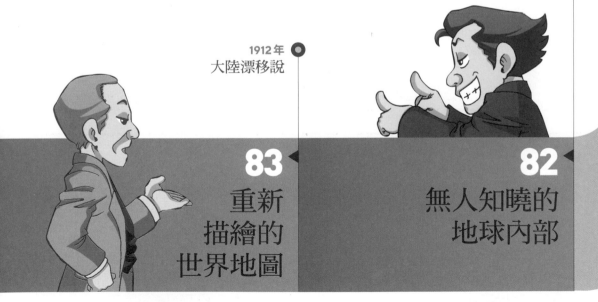

83
重新
描繪的
世界地圖

82
無人知曉的
地球內部

▲ **韋格納** Alfred Lothar Wegener
德國氣象學家、地球物理學家。
主張大陸漂移說，亦即現今大陸是由
盤古這塊龐大的大陸分裂、移動後造成的。

▲ **莫霍羅維奇** Andrija Mohorovičić
南斯拉夫的地球物理學家。
研究地震，發現了介於地殼
與地函之間的莫氏不連續面。

藍色黴菌
破壞了病菌

啊啊！

哎喲！

呃，是血！

趕快到博士的研究室去擦藥吧。

啊啊啊！幫我擦仔細點，不然細菌跑進去就慘了。

少大驚小怪了。

※砰　　　※摔跤

來，吃這個，是抗生素。

抗生素是什麼藥啊？

啊，是跟青黴素一樣的藥？

寶拉真是學識淵博。

青黴素是什麼？

青黴素就是……

當不好的病菌跑進體內時，人的免疫系統就會努力抵擋它進入。

抗體

有害病菌

※ 大打出手

우당탕탕

但是也有人類的免疫系統擋不住的壞病菌。

青黴素就是用來治療由有害病菌所引起的疾病。

葡萄球菌

淋球菌

肺炎菌

哇！好偉大的發明喔。

青黴素是偉大的發明，也可說是與偶然的發現交織而成的結果。

偶然的發現？

是啊。

英國科學家弗萊明當時在進行殺菌的研究。

啦啦～

您在做什麼呢？

啊，我在準備培養葡萄球菌。

培養？

就是用人工的方式養細胞啦。

培 栽培的培
養 養育的養

現在交給時間幫我培養，這段時間就去做別的事吧。

轉身

我是藍色黴菌！

※嗒

幾天後

應該很順利吧？

咦？這是怎麼回事？

培養沒有
成功嘛，

這個沒用了，
只能丟掉。

垃圾桶

哦！
是藍色黴菌？

垃圾桶

我明明是在這些培養皿上
塗了葡萄球菌，

可是藍色黴菌的周圍
卻沒有葡萄球菌，
為什麼呢？

會不會是偶然掉落的
藍色黴菌殺死了
葡萄球菌？

所以，弗萊明開始重新研究黴菌。

果然這個黴菌中的物質
有殺菌的效果。

※發抖

宇宙的大爆炸
Big Bang

來觀察一下宇宙吧？

好壯觀！有好多星星。

換我看了啦。

宇宙真的好酷哦。

是嗎？我確實是滿酷的啦。

此宇宙非彼宇宙！

哼！白高興了。

博士，宇宙是怎麼誕生的呢？

不是本來就存在嗎？

沒辦法想像宇宙會有改變耶。

哈哈，從前的人也是這麼想的，

不過奧伯斯對這種想法產生了疑問。

假如宇宙是靜止的，那夜空就不可能是暗的啊。

什麼意思啊？

海因里希・威廉・奧伯斯

萬一宇宙是靜止的，來到地球的星光也應該是固定的。

星

星

星

地球

是啊。

可是宇宙之中有無限多的星星。

想像一下，假如這些星星發出的光芒亮度都差不多。

那麼夜晚不是會因為那些星光而和白天一樣明亮嗎？

有、有道理。

可是晚上不是很暗嗎？這是為什麼呢？

這個、這是因為……

這個就叫做「奧伯斯悖論」，是曾經讓天文學家陷入困境的理論。

他們一定很苦惱。

能夠回答奧伯斯悖論的理論，就是「Big Bang」。

大爆炸的意思啦。

Big Bang？

那是什麼理論？

就是宇宙始於大爆炸，後來持續膨脹的理論。

※轟隆

這個宇宙論是說，星星的速度有限，部分星光不會抵達地球，

所以不會發生夜空發光的現象。

給我站住！

※噠噠噠噠噠噠噠噠

你們知道都卜勒效應嗎？

※搖頭

愛德溫·哈伯

都卜勒效應，就是汽車按喇叭經過時發生的聲音現象。

車輛接近時，聲音就會變大；車輛遠離時，聲音就會變小。

※叭啊

※叭啊

你們知道聲音和光會像水紋的波長一樣擴散嗎？

※叭啊

知道。

當車輛在移動時按喇叭，波長就會變成這樣。

靠近的波長較短，所以聲音會變大，

遠離的波長變長，所以聲音會變小。

※叭啊啊啊

※叭啊

星光也具有相同的效果。

這要怎麼知道呢？

利用稜鏡等工具，就可以確認光的光譜了。

遠離地球的星光帶著紅色，

靠近地球的星光帶著藍色。

星光的光譜　　　　太陽的光譜

可是來到地球的星光都集中在紅色，

這就是宇宙膨脹的證據。

啊哈，我好像懂了一些。

可是，如果持續擴大，以後不是會爆炸嗎？

Ⅱㄥ ※砰
宇宙

不會發生那種事！

哈伯發現宇宙膨脹的事實，成了後來現代宇宙論的起點。

當然，爆炸說不是百分之百確定，

但合理地解釋了宇宙的誕生，具有很重要的意義。

89

改變歷史與社會的
影像革命！

射門！

射門！

※哇哇哇哇

咦？怎麼
沒聲音了？

※～安～靜

吵死了，安靜
一點好不好？

知道了啦，
把遙控器給我。

※搶

好，傳球！

呼！想看足球
就去球場看啊。

※哇哇哇

134 ● 出發吧！科學冒險 ❸

足球賽是在歐洲舉辦，我要怎麼到現場看？

幸好電視有轉播，所以我才看得到。

是喔？現在是在直播地球另一邊的足球賽嗎？

我剛說了啊。

好厲害！

什麼東西好厲害？

電視讓我們看到很遙遠的地方的影像呀！之前我都沒想過這件事，突然覺得好厲害喔。

仔細想想，真的耶。

博士，電視是怎麼發明的呢？

只要把你們學過的各種發明合起來看就行了。

電視結合了用在照片、電影和廣播等的技術,

其中硒元素的發現是發明電視的重要關鍵。

硒?

硒是一種電阻會根據光的強弱而變化的物質。

元素符號:Se

人類以這個元素為基礎,發明了能將光的變化轉換成電流變化的硒光電池。

是像照片一樣,把畫面的影像一次轉換成電訊嗎?

物體的光 → 電訊

它會像馬賽克一樣,把畫面分成格狀,把每一處的電訊發送到其他地方。

→ 電訊 →

科學家利用電波，成功將靜止的影像傳送到遠方。

那麼，一開始沒有發明能呈現動態影像的裝置嗎？

嗯，想要呈現會動的影像，一秒需要發送20～30多個畫面，

但硒對光產生反應的時間很長，所以不可能辦到。

這個問題在德國科學家布勞恩發明布勞恩管（陰極射線管）之後解決了。

布勞恩管？

布勞恩管的表面有無數個磷光點，

這些點和電子碰撞時會發光。

請您說簡單一點。

把這些小燈泡加以排列，只打開一部分……

如何？

啊！
是博士的臉！

就是用這種方法，
只讓布勞恩管必要的部分
與電子碰撞，
讓畫面出現影像。

布勞恩管可以
快速轉換成電訊，
所以才可能
顯示會動的影像。

之後，電視持續
發展，世界各國也
有了電視節目。

電視受到
人們的歡迎，
也擴大了影響力。

雖然早期是黑白電視，
但隨著技術的發展，
出現了彩色電視。

最近就連能呈現
3D立體畫面的電視
都出現了。

噢噢！是立體的！

馬＋驢＝騾？
種間雜交！

西瓜
熟透了呢。

※切塊

哇！是無籽
西瓜！

宇宙，你知道
是誰發明了
無籽西瓜嗎？

不知道，
是誰啊？

就是禹長春
博士。

※大口吃

這次賓拉
說錯囉！

什麼？不是
禹長春
博士嗎？

第一個發明
無籽西瓜的人，
是日本的木原均，

禹長春是提出
理論，促使無籽
西瓜出現。

可是為什麼我們
會認為發明無籽西瓜的人
是禹長春博士呢？

1950年代，韓國因為打韓戰的緣故，糧食嚴重不足，

為了拯救農業，所以開發了新品種的蔬菜和水果。

可是……

請您試著種植這個種子，這個種子很容易生長，也不怕病蟲害。

種植原本的作物就好了，何必改呢？

為了讓大家瞭解科學務農的重要性，我試著生產無籽西瓜給大家看。

沒想到消息誤傳出去，最後我成了發明無籽西瓜的人。

哦，原來如此。

我的成就不在於無籽西瓜，而是種間雜交。

種間雜交？

這是一種基因研究理論，是讓已經存在的品種雜交後，發明出新品種。

啊，就像讓馬和驢雜交後生出騾，對不對？

A ─── B
C

沒錯，但先前沒有植物之間雜交的研究，只有動物的研究。

所以禹長春的理論對當時的科學界帶來了很大的衝擊。

那麼，博士您說的種間雜交是什麼樣的研究呢？

舉例來說，可以用高麗菜和白菜生出油菜。

要怎麼做呢？

它們都是十字花科的蕓薹屬植物。

啊，就像老虎和獅子都是豹屬吧？

沒錯，我在研究蕓薹屬植物的染色體時，發現了一件很有趣的事。

白菜具有 AA 染色體，高麗菜具有 BB 染色體，而油菜則具有 AABB 染色體。

咦？那油菜是白菜和高麗菜的種間雜交囉？

白菜：n＝10
高麗菜：n＝9
油菜：n＝19
N＝染色體的個數

沒錯，所以我成功用
高麗菜和白菜種出油菜。

好厲害，原來
真的有這種事。

不僅如此，如果讓白菜
和黑芥進行種間雜交，
就會生出芥菜；

讓黑芥和高麗菜
進行種間雜交，
就會生出衣索比亞芥。

白菜＋黑芥 ➡ 芥菜（可做泡菜的植物）

黑芥＋高麗菜
➡ 衣索比亞芥

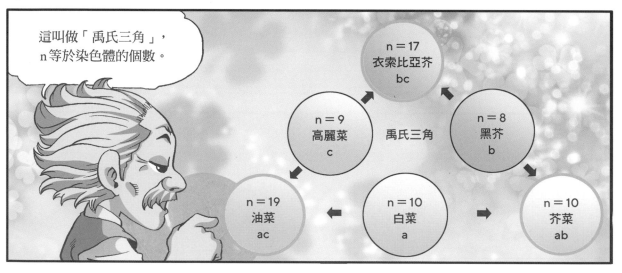

這叫做「禹氏三角」，
n等於染色體的個數。

n＝17
衣索比亞芥
bc

n＝9
高麗菜
c

禹氏三角

n＝8
黑芥
b

n＝19
油菜
ac

n＝10
白菜
a

n＝10
芥菜
ab

種間雜交對於後代科學家
開發新品種有很大的幫助。

遺傳學
育種學

以後提到禹長春，
要記住的不是無籽西瓜，
而是「種間雜交」了。

沒錯！

化學
人工纖維

博士，
那不是絲襪嗎？

沒錯。

那不是女生穿的嗎？
怎麼……？

你要不要
拉拉看？

嘿咻！

要斷掉了啦！

※拉緊

呵呵，別擔心，這個沒那麼容易斷掉。

製作這個絲襪的纖維和一般纖維不一樣。

這是什麼纖維，怎麼這麼堅韌？

是尼龍。

尼龍？

這算什麼了不起的發明啊？

嘖嘖，你忘記上次說了化學肥料誕生的故事嗎？

尼龍是用煤炭、水和空氣製作成的人工纖維。

人工纖維？好了不起的發明哦！

那又怎麼了？

1900年代，人口不是突然增加嗎？

好冷！

好餓！

因此對人們來說，最重要的就是食物和衣物。

啊哈，人口增加後，食物和衣物就相對減少，大家也因此過得很辛苦。

這時如果發明人工纖維……

就能解決衣物不足的問題了！

哈哈，你們馬上就舉一反三，讓老師我很有成就感呢。

※嘿嘿嘿

可是，尼龍是誰發明的呢？

是科學家卡羅瑟斯。

他很認真地研究*聚合物。

從煤炭、水和空氣中提煉出來的化合物就是這個，

把它們合成之後，就能製造出尼龍。

己二胺

己二酸

*聚合物：以分子為基本單位，重複連結而成的化合物，包括聚氯乙烯和尼龍等。

尼龍非常輕盈，
兼具彈性和保暖度，

而且蛀食衣物的
蟲子也不會蛀食它。

美國的杜邦利用這種
人工纖維製造絲襪，
結果颳起了一陣旋風。

為什麼會先
製作絲襪呢？

當時的絲襪是用
昂貴的絲線製成，

可是又很容易
就壞掉。

又脫線了。

這時出現的尼龍便宜又堅韌，
所以女性自然是愛不釋手。

※用力扯

後來，使用尼龍
製造的各種產品
也就陸續問世。

哇，幾乎都是
我在用的
東西耶！

是啊，現在我們周遭
要是少了尼龍產品，
大概就會無法生活。

真的耶。

強大危險的能源！

核能指的是能量會根據
原子核的變化而釋放出來，

不過，原子核產生
變化時，會釋放出非常
可觀的能量，

也就是利用這種能量
來獲得發電的能源。

※沸騰沸騰

這種核能要比一般火力能源
強大，而且非常持久。

核能

火力

由於核能具有這樣的優點，
所以除了發電廠之外，也會用來
當作航空母艦和潛水艇等的動能。

無論是在海洋中長時間航行的潛水艇，

或是需要許多能源的航空母艦，都需要核能。

核能

石油

哇！核能真是個好東西呢！

但核能也有缺點。

核能有沒有受到控制，性質會大有不同。

忍耐、忍耐。

※按捺不住

假如能夠控制核能，這個能源就能使用很長時間，當然很好。

但如果沒有加以控制，或者控制不了，核能就會爆炸。

呃，聽起來好可怕。

這場意外的發生，造成大量輻射外洩，
有無數的人死亡或遭受輻射汙染。

※砰砰砰

「車諾比核事故」就是
控制核能失敗的
代表性例子。

最近發生的日本核能
意外，也是很慘重的災殃。

怎麼會
這樣……

還有一種
人類不去控制核能的
情況……

這就等下一課
再說吧！

好！

投下**原子彈**

剛才我們提到了，假如控制不了核能，會發生什麼災害吧？

對。

可是也有故意不控制核能的情況。

這樣不是就會爆炸嗎？

跟我來！

是啊，他們就是故意讓它爆炸，而那就是原子彈。

覺得好可怕，為什麼要製造那種炸彈呢？

第二次世界大戰時，美國與同盟國長期對抗德國和日本等國家。

有沒有能夠盡快
結束戰爭的方法？

總統閣下，
有您的信件。

富蘭克林・羅斯福

因此，建議讓
強大武器亮相，
使敵人快速投降。

－阿爾伯特・
愛因斯坦

原子彈⋯⋯
假如這方法能立竿見影，
當然要試試。

※捏皺

就這樣，開發原子彈的
「曼哈頓計劃」開始實行。

這個計劃的中心
人物是個叫做費米的人。

他和同事們一起研究，
最後開發出原子彈。

原子彈不只是用來嚇阻的工具，
實際上真的投在了
日本的廣島和長崎。

結果
怎麼樣了？

掉落在廣島的炸彈導致
數十公里內的區域損失慘重，
超過14萬人不幸喪生。

而長崎有7萬多人死亡。

但是原子彈帶來的災害
不僅止於此，

就算倖存下來，也會因為
輻射的影響而產生各種疾病，
持續承受痛苦。

癌

皮膚病

白血病

而且，受輻射影響的父母，也會生下天生就患有白血病等的孩子。

怎麼辦才好……

※哇啊啊啊啊

土地也一樣，

一旦受到輻射汙染，就成了人類長年無法居住的地方。

假如知道會真的使用原子彈，我就不該寄出那種信……

我只是希望能夠減少人員傷亡，早日結束戰爭罷了。

到頭來，根據人類怎麼使用，核能可能是天使，也可能是惡魔。

因此只能祈求人類務必將它用在好的用途上。

▼ **弗萊明** Alexander Fleming

英國微生物學家。發現抗生素「溶菌酶」
並成功將其分離，以發現青黴素
於1945年獲得諾貝爾生理‧醫學獎。

▼ **哈伯** Edwin Powell Hubble

美國天文學家。發現哈伯定律，
即銀河後退的速度與它們與地球的距離成正比，
建立了宇宙膨脹說的基礎。

87

藍色黴菌
破壞了
病菌

88

宇宙的大爆炸
Big Bang

● **1928年**
發現青黴素

● **1929年**
宇宙的膨脹

改變世界的 ③ 科學家們

1945年
曼哈頓計劃 ●

1942年 ●
核能的開發

93

投下
原子彈

92

強大危險的
能源！

▲ **費米** Enrico Fermi

出生義大利的美籍原子物理學家。
打造出世界第一座核子反應爐，並參與
原子彈的製造，1938年獲得諾貝爾物理學獎。

▲ **核能**

由於車諾比核事故、日本福島核事故的
損失慘重，全世界因此對核能
有了不同的觀點。

德國物理學家。製作了檢波器
與陰極射線管（布勞恩管，1897 年），
1909 年獲得諾貝爾物理學獎。

89

改變歷史與社會的影像革命！

● 1935 年
電視與廣播

1938 年 ●
尼龍的發明

1936 年 ●
禹長春

91

化學人工纖維

90

馬＋驢＝騾？種間雜交！

▲ 卡羅瑟斯 Wallace Hume Carothers

美國有機化學家。發現合成橡膠，
成功使其工業化，發明了
合成纖維「尼龍」。

▲ 禹長春 유장춘

韓國育種學家。世界第一個合成
自然物種、成功創造新品種的人，
1936 年取得農學博士學位。

超越**計算機**的計算機

博士，您在做什麼？

嗯，我要計算一點東西。

博士還要用電腦計算喔？我都是用心算耶。

退後

計算這點小事，我也辦得到！

只是要花很多時間而已。電腦可以在一秒內就算出人類要花好幾天的計算。

哼哼！

哼哼！

所以，我也沒必要耗費那麼多時間嘛。

電腦是何時發明的呢？

電腦之所以會出現，是因為戰爭。

戰爭？

電腦的發明，是為了計算砲彈的彈道。

使用砲彈時，根據角度和強度，墜落的距離就會不同。

靠人力做這種計算太花時間了。

※砰

1946年，最早的電腦「ENIAC」就是因應這種軍事目的而製造。

ENIAC使用約18000個真空管，可以做出當時最快的計算。

就是用制定好的二進位法來表現數字或文字等。

00 = 0
01 = 1
10 = 2
11 = 3
100 = 4
101 = 5

之後，負責處理電腦的電路持續發展，電腦也逐漸小型化、高性能化。

真空管　電晶體

晶片　積體電路

進入1970年代後，個人電腦也出現了。

Altair-8800

IBM-PC

Apple II

之後，各種應用程式和網路出現，許多領域也開始使用個人電腦。

最後，電腦成了人類習以為常的發明，甚至沒有它就無法工作。

好像真的是這樣耶，
我們家也是，爸爸的電腦
和媽媽用的筆電，
這樣就有兩台了。

呼！我們家的
電腦有五台，
爸爸兩台，媽媽兩台，
我一台。

可是電腦好像
發展得太快了。

我媽媽才剛買電腦
沒多久就變成
舊款了。

哈哈，
電腦往後
還會日新月異。

我也很好奇，在遙遠的未來
會出現什麼樣的電腦。

更新穎的電腦！
哇！光用想的就覺得
好興奮。

最終揭開了
生命的構造！

咦？

寶拉妳
有雙眼皮耶？

我都沒有……

怎麼了？

我還以為怎麼了……
因為我媽媽有雙眼皮啊，
這也是遺傳的一種。

※闔上

是喔？
這種遺傳因子
本來是藏在哪裡啊？

博士！

我之前說過，
摩根用果蠅的研究
製作了基因圖譜，對吧？

對，光看那個，
就覺得遺傳學
好神奇哦。

摩根的果蠅研究
雖然促使遺傳學一再進步，
但這樣還不夠。

為什麼？

人類的基因要比想像中
複雜，其中也有
錯誤的認知。

他們認為基因資訊內的
物質是蛋白質。

人的身體是由蛋白質
組成的，所以他們這麼想
也很正常。

基因資訊

但是基因資訊內的物質不是蛋白質，而是DNA。

DNA？

DNA是一種被稱為去氧核糖核酸的核酸。

核酸是什麼？

核酸是一種所有生物的細胞中含有的高分子有機物。

核酸

發現DNA的人，是瑞士的科學家米歇爾。

但米歇爾並不知道DNA是一種遺傳物質。

證實這件事的人是我。

奧斯瓦爾德·埃弗里

我在做蛋白質與DNA的實驗時，發現了DNA會遺傳的事實。

可惜沒有進一步瞭解DNA的構造。

華生和克里克這兩位科學家很努力想要查出它的構造。

詹姆斯‧華生

弗朗西斯‧克里克

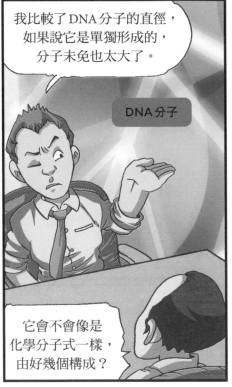

我比較了DNA分子的直徑，如果說它是單獨形成的，分子未免也太大了。

DNA分子

它會不會像是化學分子式一樣，由好幾個構成？

我怎麼想還是覺得奇怪。

哪方面？

這也不無可能，那麼它究竟是什麼形狀呢？

會不會是像鎖鏈一樣，互相纏繞在一起？

在這過程中，英國科學家富蘭克林成功地用X光拍下DNA分子。

這張照片成了發現DNA構造的決定性證據。

華生與克里克看到這張照片之後，發現DNA就像纏繞的梯子般，是一種雙螺旋結構。

同時也得知基因資訊的傳達與複製的過程。

哇！原來這些都是我爸爸、媽媽遺傳給我的。

生命真的好神奇，為什麼會這樣遺傳下來呢？

對呀。

雖然到現在人類仍持續發現生命的結構，

但好像永遠都沒辦法知道個中原因。

終於飛向宇宙

是喔，那是什麼原理啊？

啊，這個嘛……

不知道嗎？這可是你們之前學過的內容哦。

就是牛頓的作用與反作用定律，參考第一冊就知道。

啊！當壓縮的空氣和水從水火箭噴出時，水火箭會靠反作用力往上衝。

哦？是這麼回事啊。

發射人造衛星的火箭，也是靠這種原理。

※轟隆轟隆

啊，人造衛星！

???

可是，發射的人造衛星
要怎麼持續
漂浮在空中呢？

這是由地球是圓的，
以及牛頓的
萬有引力定律
共同造成的結果。

真的嗎？

看好了，我把球丟出去
會怎麼樣？

※拋

當然會掉在
地上囉。

假如丟用力
一點呢？

那就會飛遠
一點才掉下來。

那麼，假如不斷用力，
好讓它飛得很遠很遠呢？

嗯……

快過來～

不要～

地球會抓住球，
但球會持續
飛走……

沒錯，假如這時萬有引力
比球飛走的力量更強，
球就會掉下來。

萬有引力 ＞ 球往外的力量
（離心力）

↓

掉落在地球上

假如力量固定，
球就會持續
在地球周圍
旋轉了耶！

萬有引力 ＜ 球往外的力量
（離心力）

掰～

相反的，假如球往外飛的力量
大於萬有引力，球就會跑到
地球外面，這是朝地球外發射
衛星或太空船時需要注意的部分。

最後，當萬有引力與球往外飛的力量達到平衡，球就會繞著地球轉動。

萬有引力 ＝ 球往外的力量（離心力）

雖然史普尼克1號只運行了短短三個月，卻是人類邁向宇宙的重要里程碑。

第一個繞著地球轉動的人造衛星，就是史普尼克1號。

之後沒多久，人類就真的踏上了宇宙。

這個故事，就等下一課再說吧！

人類**偉大的**第一步！

有位科學家被稱為「火箭之父」……

是馮·布朗！

噢，不錯嘛！

那當然，我在學校製作水火箭時學到的。

馮·布朗是第二次世界大戰時，德國一位很有名的火箭專家。

開發飛彈，瞄準非常遙遠的標的物，就是我要負責的工作。

天啊！竟然為了打仗而開發火箭！

※轟隆轟隆

這也不是我樂意見到的，我只是希望火箭能飛往宇宙……

戰爭結束後，布朗和火箭研究人員前往美國，而留在德國的核心技術，就轉交給了蘇聯（現在的俄羅斯）。

蘇聯針對德國的火箭技術進行研究，發射了史普尼克1號。

一個月後，蘇聯讓生物搭乘衛星火箭，成功將牠送上太空。

生物？

就是一隻叫做萊卡的狗。

哇！那牠是第一隻宇宙犬耶！

汪

此外還透過其他動物持續進行研究，瞭解人類是否也能在宇宙生活。

最後，第一個到宇宙旅行的人就誕生了，

他就是尤里·加加林。

蘇聯靠著這項技術，在開發宇宙相關技術時領先其他國家。

但這卻傷及了競爭對手美國的自尊心。

能夠贏過蘇聯的方法，就是我們要率先登陸月球！

總統閣下，憑我們的技術不成問題。

約翰·甘迺迪

馮·布朗

所以美國制定了阿波羅計畫，提供了非常可觀的支援。

這土星火箭，一定會將人類帶至月球。

※轟隆轟隆

※轟轟轟轟轟轟轟

成、成功啦！

脫離土星火箭的阿波羅11號，最後終於抵達了月球。

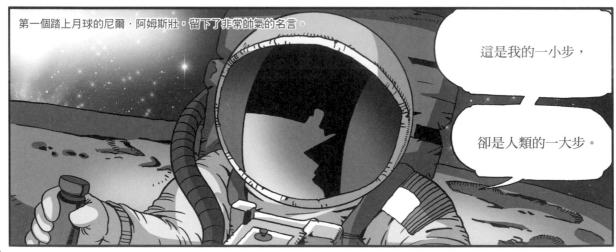

第一個踏上月球的尼爾．阿姆斯壯，留下了非常帥氣的名言。

這是我的一小步，

卻是人類的一大步。

後來世界各國紛紛對開發宇宙產生興趣，持續進行研究。

月球啊……我也好想去。

距離你們到宇宙旅行的日子也不遠了。

等你們長大，也許不只是月亮，還能到火星或太陽系探險呢。

宇宙旅行！光是想像就覺得好興奮。

好吧！就用我製造的火箭特別載妳一程。

才不要，我要搭乘自己親手打造的火箭。

什麼？想和我一較高下？

我接受妳的戰帖。

哎喲，自信滿滿嘛。

你們兩個加油，透過良性競爭，彼此都會成長的，哈哈哈。

1983年 | 網路革命

開啟**資訊革命**時代

那個在哪裡咧？

我朋友把我的照片上傳到部落格，所以我正在找。

找到了！

找什麼？

是喔？讓我瞧瞧。

這什麼啊！哈哈哈！真是太經典了！

* ARPAnet：1969 年美國國防高等研究計劃署開發的電腦網路。

※快點快點

就是
「傳輸控制協定」。

那又是什麼呢？

傳輸控制協定就是
互傳資料時，讓彼此能夠
溝通的協定內容。

Protocol
↓
通訊協定

就算使用TCP/IP的電腦環境不同，
也可以共同使用並
閱讀資料的一種約定。

TCP/IP
＝
世界共同語言

還有，使用這個的
通訊網，就叫做網路。

啊哈，原來是
這麼回事。

後來，全世界透過網路
分享彼此的資訊，

也帶來了形式有別於
報紙或廣播的
資訊革命。

進入生命創造的領域

啊！這是什麼？

※咩～咩～

OH OH~ OH

啊！好可愛的羊！

OH OH

宇宙，你看，小羊跟牠媽媽長得一模一樣。

哈哈，這是當然的。

這隻羊是世界上首隻 *複製羊桃莉。

什麼?!

※咩～～

*複製：創造和原來完全相同的東西。

複製羊？

居然親眼看到電影中出現的情節！

博士，複製動物是從什麼時候開始的呢？

人類是從20世紀初期開始接觸創造生命的領域。

德國的漢斯‧斯佩曼提出了複製動物的重要技術——「細胞核移植技術」。

青蛙的複製過程

之後，科學家利用細胞核移植技術，從小型生物開始，複製的動物體型越來越大。

最後，英國科學家威爾穆特與坎貝爾成功複製了桃莉。

伊恩・威爾穆特

基思・坎貝爾

牠是與媽媽擁有百分之百相同細胞的複製羊。

桃莉誕生之後，老鼠、山羊、豬、狗等各種複製動物也跟著誕生了。

哇！真的嗎？

但有很多人反對用人工的方式創造生命。

為什麼？

你想想看，當信仰的價值觀認為生命本來是神明賦予的，

現在卻出現用人類的手創造的人工生命，你覺得會怎麼樣？

神 ➡ 生命

嗯。

智慧的世界

噢，是嗎？

博士好！

教學工作也差不多
告一段落了，
馬上就得離開了。

博士，那是什麼意思？

教學工作告一段落？

要學的東西還有好多耶，您不要離開啦。

從古至今的科學故事都講完了，現在我也該走了。

不行，我還有很多不懂的耶……

還有博士手上的手機！我們還沒聽過手機的故事。

對呀！請博士告訴我們。

這是叫做智慧型手機的攜帶型通訊機器。

所以請您告訴我們攜帶型通訊機器的知識！

真是的⋯⋯
好吧，

我就從行動電話的
出現開始說起。

馬可尼發明無線通訊之後，
大家就開始思考可以隨身
攜帶無線通訊器的方法。

於是，世界上最早的
無線電對講機
就問世了。

哇！好大哦！

敵人衝過來了！
請求支援！

第二次世界大戰時，
這個無線電幫了
美軍很大的忙。

之後，1946年出現了
在車內也可以
使用的無線電話。

當時，要製作這麼小型的機器，有很多的限制，

但隨著技術日益進步，就出現了大小方便隨身攜帶的行動電話。

摩托羅拉公司的馬丁‧庫珀發明了世界最早的行動電話。

喂？聽得清楚嗎？

接著，就出現了一般人也能使用的行動電話。

好像磚頭哦。

之後，透過人造衛星通話的衛星電話也出現了。

衛星電話的優點，是無論
在沙漠、海洋中央或山頂等
電波無法抵達的地方，
都可以進行通話。

因為通訊會受到時間
和地點的限制，
有許多不便之處。

但行動電話出現後，
個人隨時隨地都能
通話，可以說是
一場通訊革命。

之後，另一種創新的發明
「智慧型手機」
也跟著登場了。

這是IBM第一次推出的智慧型手機「Simon」。

哈哈！這也好像磚塊！

相較於只能收發信件的手機，這支智慧型手機可說是非常先進啦！

它包含了許多功能，也可以使用觸控式螢幕來輸入電話號碼。

通訊錄

世界時間

計算機

傳真

娛樂

備忘錄

電子郵件

剛開始功能很單純，但現在除了單純通話之外，還可以傳輸資料。

也就是說，可以連接網路囉？

是啊，隨時隨地都能連上網路後，也就真正進入了資訊革命時代。

之後，智慧型手機更加進步，搖身變成像是攜帶型電腦。

現在如果有智慧型手機做不到的事，可能才教人驚奇。

按照目前持續發展的情況，就連我都無法預測往後它會呈現什麼面貌。

我很好奇未來的科學會出現多少變化。

※喀嚓

我先去見識一下未來的科學，後會有期啦！

博士，嗚嗚。

說好一定要再來喔！

一言為定。

謝謝你們聽我這個怪博士說科學史故事。

我才要說謝謝，現在都是我教別人科學知識了呢！

但願往後科學能持續為你們帶來無窮的樂趣。

請別擔心，不只是我，就連宇宙考科學時，也都是拿100分。

除了科學以外，其他領域也有許多有趣的內容喲！

只要認真鑽研，就會知道自己喜歡什麼，以後要做什麼事。

我會好好督促宇宙，請您別擔心。

▼ **華生** James Dewey Watson

美國分子生物學家。與克里克
共同發表DNA為雙螺旋構造的研究。
1962年獲得諾貝爾生理‧醫學獎。

94
超越
計算機的
計算機

95
最終
揭開了
生命的構造！

● **1946年**
電腦的出現

● **1953年**
DNA構造

▲ **克里克** Francis Harry Compton Crick

英國分子生物學家。與華生、威爾金斯
一同發表DNA雙螺旋構造的研究，
1962年獲得諾貝爾生理‧醫學獎。

改變世界的 ④
科學家們

21世紀 ●
手機通訊的普及

100
智慧的
世界

▲ **庫珀** Martin Cooper

世界上第一支行動電話的發明人。1973年，馬丁‧庫珀博士
在摩托羅拉公司工作，和他的研究小組開發了世界上第一支行動電話。
1983年，最早的商用行動電話「DynaTAC」開始販賣。